高楼失火自救

谢树俊 马玉河 徐 桦 编写

天津科学技术出版社

图书在版编目（CIP）数据

高楼失火自救 / 谢树俊等编写；刘兵绘. —天津：天津科学技术出版社，2010.11
ISBN 978-7-5308-6148-6

Ⅰ.①高… Ⅱ.①谢… ②刘… Ⅲ.①高层建筑 - 防火 - 研究②火灾 - 自救互救 Ⅳ.①TU976②X928.7

中国版本图书馆CIP数据核字（2010）第225386号

责任编辑：范朝辉
责任印制：王 莹

天津科学技术出版社出版
出版人：蔡 颢
天津市西康路35号 邮编：300051
电话 (022) 23332390（编辑室） 23332393（发行部）
网址：www.tjkjcbs.com.cn
新华书店经销
天津新华二印刷有限公司印刷

开本850×1168 1/32 印张3.25 字数 50 000
2010年11月第1版第1次印刷
定价：10.00元

前　言

　　2010年11月15日14时15分，上海市静安区胶州路728号一幢28层高楼突发火灾，造成重大人员伤亡……

　　目前，全国各地的高楼（本书所指的高楼是指建筑层数在10层以上的居住建筑）火灾事故越来越多，这类建筑的火灾特点是人员集中，老人、小孩、妇女居多，均属于弱势群体，很容易造成人员伤亡，也给消防灭火救援带来很大困难。

　　火灾具有很大的随机性和不稳定性，能否正确逃生与自救将决定当事者的生死。懂得应对，才能绝处逢生。

　　据有关部门统计，有15%的人遭遇灾难时会彻底崩溃，他们哭泣、尖叫甚至妨碍其他人疏散，而此时恰恰是需要迅速逃生的关键时刻。只有10%~15%的人能保持冷静，并迅速采取行动。而在火灾面前能否保持冷静，则是能否顺利逃生的第一要素。保持冷静的前提，是对于高楼火灾的认知，如果你了解了火灾的特点和规律，自然也就能够镇静处置。可以说，这本小册子对帮助你了解火灾知识，掌握应对之道，将会是非常有用的。

《高楼失火自救》一书有针对性地对突发火灾产生的原因、火灾自救及火灾预防等作了详尽的阐释，全书分为基础知识篇，自救、逃生篇，互救篇，自疗篇和预防篇五部分，以图文结合的形式指导人们提高防患意识，即使在遭遇火灾险情时亦能从容应对，以极大地降低火灾伤亡，保护人民的生命和财产安全。

读者不妨把这本关于突遇火情、危急时刻如何避险自救的书当做枕边书，请相信，也许就是你在闲暇时无意一瞥的收获，就能帮助你及时发现火灾险情，找到逃生之路。

本书在编写的过程中，得到了天津市新闻出版局、天津出版传媒集团、天津市公安消防局和天津科学技术出版社领导的大力支持，在此一并致谢！

谢树俊

2010年11月

目　录

基础知识篇

1. 火灾的种类/2
2. 火灾事故分类/4
3. 起火原因/4
4. 火灾的特点/6
5. 火灾发展的特点/7
6. 火灾对人的生理危害/8
7. 火灾对人心理的影响/9

自救、逃生篇

1. 遇火情应立即报警/13
2. 遇火情自己如何灭火/15
3. 不同火源的灭火要点/22
4. 分析环境观察火情/26
5. 自救、逃生的方法有哪些/31

6. 逃生前怎样防护自己/37

7. 逃生过程中的注意事项/40

8. 该在哪里等待救援/45

9. 如何寻求外界帮助/48

10. 逃生过程特殊状况特殊处理/49

互救篇

1. 如何疏散人群离开火场/53

2. 通道不"通"怎么办/55

3. 在烟雾中寻找被困人员/57

4. 帮别人灭掉身上的火/58

5. 如何帮身边人处理轻伤/60

6. 心肺复苏术抢救窒息者/61

7. 帮别人止血四要诀/65

8. 有人肢体受伤怎么办/67

自疗篇

1. 待救之前先自救/69

2. 自我处理轻度烧伤方法/70

3. 被烟雾熏到要先自疗/71

4. 火灾之后的心理自疗/72

预防篇

1. 进入陌生场所先熟悉地形环境、逃生通道及安全出口/75

2. 如何预防电线老化或负荷过重引起的火灾/75

3. 如何预防插头和插座接触不良引起发热失火/76

4. 如何预防家用电器使用不当或因出故障引起的火灾/77

5. 如何预防厨房灶具引起的火灾/81

6. 如何预防吸烟、蜡烛、小孩玩火等引起的火灾/82

7. 如何预防易燃易爆物品引起的火灾/83

8. 疏散楼梯口不要堆放杂物/84

9. 尽量多配置消防器材设施/84

附录：

1. 家庭防火安全对照表/86

2. 高层居民住宅楼防火管理规则/88

3. 常用消防标志/93

基础知识篇

火灾,是指在时间或空间上失去控制的燃烧所造成的灾害。在各种灾害中,火灾是最常见、最普遍威胁公众安全和社会发展的主要灾害之一。在遭遇火灾的时候,人们往往处于惊慌失措的状态,很多人会失去理智,更想不出逃生的办法。其实,这都是对火灾认识不足的结果。所以,我们有必要认识火灾。

高楼失火自救

1. 火灾的种类

一般来说,火灾依据物质燃烧特性,可划分为A、B、C、D、E、F六大类。

A类火灾:指固体物质火灾。这种物质往往具有有机物质性质,一般在燃烧时产生灼热的余烬。如木材、棉、毛、麻、纸张等火灾。

B类火灾:指液体火灾和可熔化的固体物质火灾。如汽油、煤油、柴油、原油,甲醇、乙醇、沥青、石蜡等火灾。

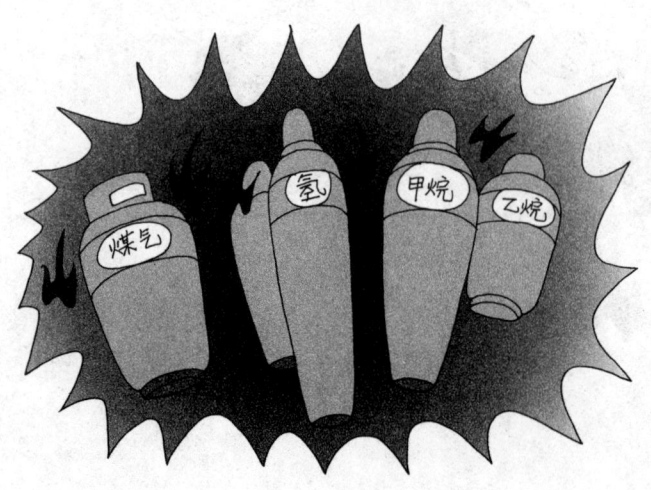

C类火灾：指气体火灾。如煤气、天然气、甲烷、乙烷、丙烷、氢气等火灾。

D类火灾：指金属火灾。如钾、钠、镁、铝镁合金等火灾。

E类火灾：指带电火灾，即物体带电燃烧的火灾。

F类火灾：指烹饪器具内的烹饪物（如动植物油脂）火灾。

2. 火灾事故分类

火灾分为特别重大火灾、重大火灾、较大火灾和一般火灾四个等级。

特别重大火灾：指造成30人以上死亡，或者100人以上重伤，或者一亿元以上直接财产损失的火灾。

重大火灾：指造成10人以上30人以下死亡，或者50人以上100人以下重伤，或者5000万元以上一亿元以下直接财产损失的火灾。

较大火灾：指造成3人以上10人以下死亡，或者10人以上50人以下重伤，或者1000万元以上5000万元以下直接财产损失的火灾。

一般火灾：指造成3人以下死亡，或者10人以下重伤，或者1000万元以下直接财产损失的火灾。

3. 起火原因

起火原因大致可分为七个方面。

第一，用火不慎。指人们思想麻痹大意，或者用火安全制度不健全、不落实以及不良生活习惯等造成的火灾。

第二，电器火灾。指违反电器安装使用安全规定，电线老化或因超负荷用电等造成的火灾。

第三，违章操作。指违反安全操作规定等而造成的火灾。

第四，放火。指蓄意造成的火灾。

第五，吸烟。指因乱扔烟头或因卧床吸烟而引发的火灾。

第六，玩火。指儿童、老年痴呆者或智障者玩火柴和打火机等而引发的火灾。

第七,自然原因。如因雷击、地震、自燃、静电等引发的火灾。

4. 火灾的特点

火灾发生在室内或室外会有不同的特点,在此向大家介绍一下室内火灾的特点。

第一,突发性。任何火灾的发生事先都不会有预警,当火灾发生或发现火灾发生时已呈燃烧状态,如自燃、爆炸、电气设备短路及用火不慎等引起的火灾。

第二,多变性。不同的火灾,其形成和发展的过程都不尽相同,这是由建筑物内装修材料的性质、物品堆放的形式和储存量的多少等因素决定的。

第三,瞬时性。这是指火灾的发生发展速度极快,在很短的时间内,小火就会发展成熊熊大火。

第四,高温性。火场上可燃物质多,火灾蔓延速度快,往往短时间内热量就会聚集,特别是火灾发展到轰燃时,周围气体的温度会骤然升高,可以达到几百摄氏度,甚至上千摄氏度。

第五，烟毒性。火灾的发生必然伴随着大量有毒烟气的生成，由于可燃物质的不同，所生成的有毒气体也不一样，但一般均含有一氧化碳、硫化氢、氯化氢、二氧化氮等有毒气体。

5. 火灾发展的特点

火灾的发展大致可分为五个阶段。

第一，起火阶段：一般来讲可燃物从受到某种火源的作用到真正出现明火，需要经历阴燃阶段。刚起火时的火灾范围较小，可燃物刚刚达到燃烧的临界温度，不会产生高热量辐射及高强度的气体对流，烟气量不大，燃烧所产生的有害气体尚未大范围蔓延扩散。

第二，火势增大阶段：如果火势未得到及时控制，可燃物就会持续燃烧扩大，我们称这个阶段为火势增大阶段。

第三，充分发展阶段：在这个阶段，温度、气体对流强度、燃烧速度均达到峰值，燃烧会由于某些原

因而发生突发性变化。

第四，减弱阶段：指随着可燃物的燃烧、分解，其数量不断减少，加之助燃剂的消耗减少，火势将呈下降趋势的阶段。

第五，熄灭阶段：在可燃物质全部燃尽后，火就会自然熄灭，火场温度也会随之逐渐下降。

6. 火灾对人的生理危害

火灾是人类共同的敌人，它常常在人们意想不到的时候悄然而至。大火的肆虐往往带来惨重的人员伤亡。很多人认为火灾中人员的死亡主要是被火烧死，其实不然，因缺氧窒息和中毒死亡的人却占绝大多数。由此可以看出，火灾对人的危害是多方面。

火灾对人体的生理危害主要有以下方面。

第一，缺氧。正常情况下，空气中的氧气含量约为21%，而火场上由于可燃物燃烧消耗氧气，因此会使建筑物内的氧气含量迅速降低,特别是在门窗紧闭的情况下,会使人由于氧气减少而失去知觉甚至窒息死亡。

第二,高温。火场上的气体温度在短时间内即可达到几百摄氏度。高温空气会对人的呼吸道造成损伤,当吸入的气体温度超过70摄氏度时,就会使人的气管、支气管内黏膜充血起水泡,组织坏死,并会因引起肺水肿而窒息死亡。

第三,烟气。火灾中,人们一般首先看到的是烟,烟的迅速蔓延恶化了疏散条件,也会给受灾者带来生理上的危害和心理上的恐慌。烟包括可见的烟尘和不可见的燃烧气体,烟尘随热空气一起流动,若被人吸入,能刺激、堵塞内黏膜。此外,烟尘还会损伤人的视觉。

7. 火灾对人心理的影响

人们在遭遇火灾时,会产生非常复杂的心理状态,不同的心理状态往往导致不同的行为表现。了解在火灾中的种种心理状态,有意识地激发积极心理,克服消极心理,可以使人根据火灾的变化采取正确的

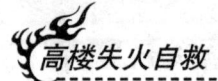

逃生方法,做到临危不乱,处险不惊。

人在火灾中的心理大致可分为以下几种。

恐惧心理:遇到火灾,人最基本的心态是恐惧,恐惧的结果使人本能地想到从火中迅速逃离。因而有可能产生失去理智和超越人身行为能力的反应。

习惯心理：火灾时，人们往往习惯于向经常使用的出口或楼梯间奔去，希望从那里逃生，而很少想到寻求其他的疏散通道逃生。

趋光心理：人有向光的习性，在失火停电的情况下，人们通常本能地向有光的地方逃生。

从众心理：火灾中，人们往往不加思考，盲目地模仿他人。

向隅心理：当人们面临迫近的火灾无处逃生时，常常向狭窄的角落躲避，希望能躲过火劫。

自救、逃生篇

1. 遇火情应立即报警

《中华人民共和国消防法》第四十四条第一款明确规定:"任何人发现火灾都应当立即报警。任何单位、个人都应当无偿为报警提供便利,不得阻拦报警。严禁谎报火警。"所以一旦失火,要立即报警。

如果火势很小,在迅速报警之后,可以自己或几个有行为能力的人合力将火扑灭;如果火势较大,那么就要迅速逃离火灾现场,否则,整栋高楼全部着起火来,那后果就不堪设想了。

报警时需注意以下事项。

第一,要牢记火警电话"119",消防队救火不收费。万不可因为慌乱而忘记"119"。

第二，接通电话后，一定要沉着冷静、语音清晰，向接警中心讲清失火地点以及楼层。讲清什么东西着火了，火势大小以及着火的范围。最好能讲清燃烧物质是什么。同时，还要注意听清对方提出的问题，以便正确回答。

第三，记得把自己的电话号码和姓名告诉对方，以便联系。

第四，报警后要派专人在路口等候消防车的到来，并指引消防车迅速、准确地到达着火区域。

第五，如果火情发生了变化，要及时报告消防队，以使他们能及时改变灭火战术，取得最佳效果。

自救、逃生篇

总之，在遭遇火情时，一定不要过于紧张和害怕，要及时报警，并在条件允许的情况下积极配合消防队员尽快将火扑灭。

2. 遇火情自己如何灭火

用灭火器灭火

在火灾初期阶段，为了不让火势继续扩大，你可以在报警之后自己动手或者叫上身边的人一起将火扑

灭，但千万要注意安全。

最常用的灭火器械就是灭火器，可是，你了解灭火器和灭火器的使用方法吗？那么，先向大家介绍一下。

灭火器是一种可由人力移动的轻便灭火器材，它是能在内部压力的作用下、将所充装的灭火剂喷出实施灭火的器具。根据移动方式的不同，可以分为手提式和推车式灭火器两种；按照充装的灭火剂类型不同，可以分为水基型灭火器、干粉灭火器、二氧化碳灭火器以及洁净气体灭火器；按照驱动灭火器的压力形式不同，可以分为储气瓶式灭火器和储压式灭火器。

不同类型的灭火器，其使用方法也不尽相同，需要区别对待。下面我们来看一下几种常用灭火器的使用方法吧。

手提式灭火器的使用方法

手提式干粉灭火器。手提式干粉灭火器使用时，应手提灭火器的提把，迅速赶到火场，在距离起火点约5米处放下灭火器。在使用前应将灭火器上下颠倒几次,使筒内干粉松动。使用时应先拔下保险销,如有喷射软管的需一只手握住其喷嘴(没有软管的,可扶住灭火器的底圈),另一只手提起灭火器并用力按下压把,干粉便会从喷嘴喷射出来。干粉灭火器扑救可燃、易燃液体火灾时,应对准火焰根部扫射。如果被扑救的液体火灾呈流淌燃烧时,应对准火焰根部由近而远并左右扫射,直至把火焰全部扑灭。手提式干粉灭火器扑救可燃固体物质时,应把喷嘴对准燃烧最猛烈处喷射,并上下、左右扫射,直至把火焰全部扑灭。

高楼失火自救

手提式泡沫灭火器。将灭火器提至火场，在距离着火物5～6米处拔出保险销，一只手紧握喷射软管前的喷嘴并对准燃烧物，另一只手握住提把并用力压下压把，泡沫即可喷出。在扑救可燃液体火灾时，如燃烧物已呈流淌状燃烧，则将泡沫由近而远喷射，使泡沫完全覆盖在燃烧液面上。在扑救容器内可燃液体火灾时，应将泡沫喷射在容器的内壁上，使泡沫首先沿内壁流下，再平行地覆盖在油品表面上，而避免将喷嘴直接对准液面喷射，防止射流的冲击力使可燃液体溅出而扩大火势，造成灭火困难。使用时，灭火器应

自救、逃生篇

始终保持直立状态,不能颠倒或横卧使用,否则会中断喷射;也不能松开开启压把,否则也会中断喷射。

手提式二氧化碳灭火器。使用时,可手提或肩扛灭火器迅速赶到火灾现场,在距燃烧物大约5米处,放下灭火器。灭火时,拔出保险销,一手扳喷射弯管,如有喷射软管的应握住喷射软管根部的木手柄,并将喷筒对准火源,另一只手提起灭火器并压下压把,液态的二氧化碳在高压作用下立即喷出且迅速汽化。在灭火时,要连续喷射,防止余烬复燃。二氧化碳灭火器不可颠倒使用。应该注意,二氧化碳气体对人体有害,因此,在空气不流通的火场使用二氧化碳灭火器后,必须及时通风。

手提式清水灭火器。将灭火器提至火场,在距着火物5~6米处,拔除保险销,一只手紧握喷射软管前的喷嘴并对准燃烧物,另一只手握住提把并用力压下压把,水即可从喷嘴中喷出。灭火时,随着有效喷射距离的缩短,使用者应逐步向燃烧区靠近,使水流始终喷射在燃烧物处,直至将火扑灭。在使用过程中,切忌将清水灭火器颠倒或横卧,否则不能喷射。

推车式灭火器的使用方法

推车式二氧化碳灭火器。通常情况下，这种灭火器需要由两个人一起操作，使用时应将灭火器推或拉到燃烧处，在距离燃烧物10米左右时停下，一人快速取下喇叭筒并展开喷射软管后，握住喇叭筒根部的手柄并将喷嘴对准燃烧物；另一个人快速按逆时针方向旋动阀门的手轮，并开到最大位置，灭火剂即可喷出。具体的使用方法与手提式二氧化碳灭火器大同小异，参考使用即可。

推车式干粉灭火器。这种灭火器一般也需要由两个人一起操作。使用时，应将灭火器迅速拉到或推到火场，在距离火点10米左右处停下，将灭火器放稳，然后一人迅速取下喷枪并展开喷射软管，然后一只手握住喷枪枪管，另一只手打开喷枪并将喷嘴对准燃烧物；另一人迅速拔出保险销，并向上扳起手柄，灭火剂即可喷出。具体的方法与手提式干粉灭火器也很类似，参考使用即可。

没有灭火器时的灭火方法

发现火情后，如果身边没有灭火器，应该按如下方法灵活运用身旁可以拿到的东西来救火。

用水杯。这种方法对小火有效，比起将水桶里的水一下子倒出去，用水杯分数次灭火的效果更好。比如7升的水，可分5~6次。

用浸湿的被单。将较大的棉制被单或毛毯在水中彻底浸湿，从火源的上方慢慢地盖住火源，盖好后，再浇上少量的水。这种方法对于油锅或煤油取暖炉引起的火灾较为有效，但要防止烧伤。

用扫帚和水。将扫帚蘸水，用其拍打火。一只手用扫帚拍火，另一只手向火中撩水会更有效，该方法还适合用于窗帘等纵向起火的时候。

此外，洗脸盆、垃圾桶、锅盖、超市的塑料袋等身边的东西在发生火灾时都可以用来盛水灭火。平时浴缸里洗澡的水不要倒掉，待下一次洗澡时再倒。这样，一旦有火情发生，可以迅速地取水灭火。另外，洗衣机、水桶等容器内平时也应存水，做到有备无患。

高楼失火自救

3. 不同火源的灭火要点

当家用电器起火时

如果家里电视机或微波炉等电器突然冒烟起火，首先要做到的是千万不要惊慌而应迅速拔下电源插头，切断电源，防止灭火时触电身亡。再者，可以用棉被、毛毯等不透气的物品将电视机包裹起来，使火因没有了空气而熄灭。如果身边有灭火器，可以用来灭火。灭火时，灭火剂不应直接射向荧光屏，因为荧光屏燃烧受热后如果再遇冷就有发生爆炸的可能。

当身上衣服着火时

如果身上衣服起火，千万不要惊叫、乱跑，应该立即离开火场，然后就地躺倒，手护脸滚动灭火或者身体紧贴墙壁将火压灭；也可以用厚重衣物裹在身上，压灭火苗。切忌不要到处乱跑，以免风助火势，使燃烧更旺，或者引燃其他可燃物品。如果附近有

自救、逃生篇

水池,或者正在家里,而浴缸里有水的话,只要跳进去,即可熄灭身上的火焰。

当窗帘、隔扇、屏障等着火时

家里的窗帘、隔扇、屏障等物品着火,火尚小的时候浇水最有效。如果火着起来了,可在火焰的上方弧形泼水。另外,还可以用浸湿的扫帚打火焰。当然,看到起火才去用水桶接水来浸湿扫帚的话,显然会延误灭火的好时机。因此,最好的方法是平时就把浴缸、水桶等灌些水。这样,始终保持这些容器中有水,有备无患。

当油锅起火时

如果油锅着火,千万不要向锅里倒水。因为冷水遇到高温的油,会出现"炸锅"现象,使油锅到处飞溅,导致火势加大,人员伤亡,所以应该首先关掉煤气总阀,切断气源,然后再救火。使用灭火器救火时,应对准锅边儿或墙壁喷射灭火剂,使其反射过来灭火,这样可以防止灭火剂吹散锅内的油,引燃其他物品。如果没有灭火器,可以用大锅盖盖住,隔绝空气；或蒙上浸湿的毛巾，使油温降低，把火扑灭。

当灶具着火时

当灶具着火时，应迅速切断气源，这是最重要的。注意操作时一定要用浸湿的棉布包住手臂，以防被火烧伤。如果身旁有灭火器，应立即拿起灭火器扑救。不要忘记及时报警，请求消防队的支援。

当固定家具着火时

发现固定家具着火，应迅速将旁边的可燃、易燃物品移开，以免将其引燃，造成火势扩大。如果家中备有灭火器，可立即拿起灭火器，向着火的家具喷射。如果没有灭火器，可用水桶、水盆、饭锅等盛水扑救。当然，就像前面所说的那样，如果浴盆、水桶等容器里备有水，就方便多了，可立即拿来用于救火。这样可以赢得时间，把火消灭在萌芽状态。

当电线冒火花时

看到电线冒火花，应该首先关闭电源总开关，或者通知供电部门断电后再扑救。电源切断前，千万不要盲目靠近，以防触电，引发伤亡事故。

高楼失火自救

如遇其他情况，请根据当时的状况采取不同的处理方法。

4. 分析环境观察火情

在遭遇火灾时，冷静地分析自己所处的环境和观察火情，对逃生是很有帮助的。

熟悉所处环境

对于经常居住的建筑物及其周围环境，我们应该是非常熟悉的，但也不能麻痹大意。我们可事先制

自救、逃生篇

订较为详细的逃生计划,并进行必要的逃生训练和演练,如根据起火地点的不同,确定逃生的出口、路线和方法,并且让家庭所有成员都要熟悉。当我们进入一个比较陌生的建筑物时,要细心地看一看灭火器、报警器以及太平门、疏散楼梯的位置,以便在火灾来临时能够及时报警、扑救初起火灾并顺利逃生。

冷静判断火势,选择适宜的逃生方法。

火灾中惊慌是导致人员伤亡的重要原因,因此在烟火袭来时,首先要保持镇静,利用日常掌握的消防知识判断火势,选择灭火和逃生的正确方法。

根据情况选择适宜方法进行疏散。

如果是自己所在的房间不慎起火,应立即报警,如果火势不大,可利用前面所讲的灭火方法,处理火灾。如果发现火势难以控制,就要迅速逃离起火房间,同时把门关上,以减缓火势的蔓延。如果火已封锁房门,可从阳台或从窗户逃至其他未起火的房间,再利用这个房间的通道疏散。

如果听到有人喊"着火了"……

如果发现门外有烟,首先应该俯身前行至门口用手背去接触房门,感觉一下房门是否已变热,如果是热的,门就不能打开,否则烟和火就会冲进室内;如

果房门不热,火势可能还不大,可通过正常的途径逃离房间。离开房间以后一定要随手关门,以减缓火势蔓延。在充满烟雾的房间或走廊内,要用毛巾捂严口鼻,同时尽量俯身前行,因为烟和热气是上升的,在离地面近的地方烟雾相对要少一些。如果楼梯间或过道上已充满浓烟,此时,火可能已把楼梯间封住,被

困人员可先疏散到屋顶,再从相邻未着火的楼梯间往地面疏散。如果判断火势在局部,可先向头部、身上

浇些冷水或用湿毛巾等将头部盖好,也可用湿棉被、湿毯子将身体裹好或穿上阻燃的衣服,再迅速穿过火区逃至安全地点。对于设有广播系统的高层建筑,当火势已蔓延时,应注意听广播通知,广播会告诉人们着火的楼层,以及安全疏散的路线、方法等,不要一听有火警就惊慌失措,盲目行动。

如果正常的疏散通道被火封锁……

当正常的疏散通道被火封住时,可利用室内设置的缓降器、救生带、救生绳等进行逃生,也可把室内

的床单、窗帘等接成绳拴在窗框、暖气等室内牢固物体上缓慢滑下，还可以利用自然条件逃生。

如果无处可逃……

在无处可逃的情况下，应积极寻找避难处。有些建筑设有避难间，在不能从疏散通道逃生时可躲入避难间以解燃眉之急。当人员被困在房间里时，应关紧迎火的门窗打开背火的门窗，但注意不能打碎玻璃。要是窗外有烟进来，还要关上窗户。如门窗缝隙或其

自救、逃生篇

他孔洞有烟进来，应用湿毛巾、湿床单等物品堵住或挂上湿棉被等难燃、不燃的物品，并不断向上面泼水，还要淋湿房间的一切可燃物。同时应采用扔东西或打手电等方法呼救，以引起救援人员的注意，帮助逃离困境。

5. 自救、逃生的方法有哪些

当火灾来临时，面对烈火和浓烟，很多人都会惊慌失措、恐惧万分。其实，此时最好的自救办法首先是要保持镇静，以明辨烟、火的方向以及逃生的方向，从而让自己得以迅速逃离危险。

高楼失火自救

如果是在冬天,则还应观察风力的方向。当自己处于下风向,而风和火处于上风向时,最好从侧风向逃生,而不要追着风跑,更不要追着烟跑,否则,很容易受到伤害。

具体的逃生办法有如下几个。

标志引导法

高楼中的墙面上、转弯处等一般都设有"安全出口"和逃生方向箭头等疏散指示标志,当高楼着火且火势还不是很大时,人们应立即按照标志指示的方向进行撤离,以保全自己。

攀爬法

如果火势迅速发展,且暂时没有更好的逃离的办法时,可以攀爬法来解救自己,即通过攀爬阳台、窗口的外沿以及高楼周围的脚手架、雨棚等突出的物体,来躲避火势。

自救、逃生篇

滑绳自救法

如果高楼内有救生绳或高空缓降器等设施,可以利用它们安全离开险地。如果没有这些设施,安全通道又被堵,而且救援人员还没有到达,可以利用家里结实的绳子进行滑绳自救。首先,把绳子拴在牢固的窗框、床架或暖气管道等上面,然后顺着绳子沿着墙壁滑落至地面或滑落到下面未着火的楼层而安全逃离。如果没有现成的结实绳子,可以将床单、被褥或窗帘等撕条,然后将其拧结成绳,并用水沾湿使用。

高楼失火自救

管线下滑法

如果高楼的阳台边上或外墙有电线杆、落水管、避雷针引线等竖直的管线,人们可顺着这些管线下滑至地面。但是值得注意的是,不要和太多的人同时下滑,否则管线容易损坏。

竹竿插地法

如果屋中有结实的竹竿,可以将竹竿直接从阳台或窗台斜插到室外的地面或是下层未着火的平台,

自救、逃生篇

待两头均固定好后再顺着竹竿自由下滑。如果没有竹竿，也可以考虑使用其他类似的结实的东西。

"搭桥"逃生法

"搭桥"逃生法即在阳台、窗台或屋顶平台，用一块足够长的木板或一根足够长的竹竿、钢管等坚固的长形物体，搭在相邻的建筑物平台上，以此作为跳板让自己顺利到达安全的地带。

低层跳离法

当被困在高楼的低层，即三层以下时，如果没有其他自救、逃生方法，且又得不到他人的救助，便可以选择跳楼的方法逃生。但是，在逃生前，应该先向地面扔些枕头、棉被、大衣等比较柔软的物品，以便让自己得以"软着陆"，使身体避免因与硬质的水泥或石头地面相撞而受伤。然后，再用手扒住窗台，保持身体下倾，自然滑落，使双脚先落在之前扔下的柔软物上。此外，跳楼时，如果身边有大雨伞，最后撑开大雨伞向下跳，以减缓冲击力。

6. 逃生前怎样防护自己

如何防止烟雾

当火灾发生时，在烟雾中尤其是在浓雾中逃生，人们如果防护不当，便很容易吸入浓烟，导致昏厥或窒息。这样，人们便很容易被大火吞噬。据统计，火灾中被烟雾熏死或呛死的人，是被烧伤者的4～5倍。因此，发生火灾逃生时，一定要做好防止烟雾的准备工作。

一般来说，火灾现场防止烟雾的常用方法是用湿毛巾捂住口鼻。如果找不到湿毛巾，情急之下可用衣服或其他棉布浸湿代替。如果没有水，不妨使用尿液应急。

湿毛巾可以很好的过滤烟雾，折叠时一般以八层为宜，这样可过滤掉60％的烟雾。穿越浓烟时，一刻也不要将湿毛巾从口鼻处拿开，否则，即使吸一口烟，人们也会感到不适甚至中毒。

如果烟雾很浓,人们除了要保护好口鼻外,还要保护好眼睛,以防眼睛因受刺激而无法睁开。而要保护眼睛,只需用一个塑料袋套住整个脑袋即可。使用塑料袋时,务必使其完全张开,但千万不要用嘴吹开,否则,吹进去的二氧化碳会对人有害。

如何防热

虽说火灾中的丧生者大多是被烟雾所害,但是,火灾中高温的杀伤力也不可以小视。因为随着燃烧物不断燃烧,整个火灾现场的温度也会不断升高。因此,人们在逃生前,一定要做好防热的准备,以使自己免于在逃生过程中被灼伤、烧死。

火灾中主要的防热方法有:直接用水从头到脚淋湿自己,也可以将棉被浸湿后裹在自己身上。如果被困在房屋中,可以把浴缸、浴池内注满水,并开放水龙头,让自己的身体完全浸于水中,只留两个鼻孔露出,并用湿毛巾盖住鼻孔,以免受伤害。

7. 逃生过程中的注意事项

在房间内不要贸然开门窗

当火灾已经发生且自己在房间内时,不要因为大难来临、因为急于逃生立即打开房门,而应先用手摸摸门把手,感觉其温度如何,同时还应看看门缝处是否有烟雾钻进。

如果温度正常或是没有烟雾从门缝处钻进,则可以微微打开门,然后仔细观察通道的情况,再决定能否安全逃离。若有安全逃离的通道、设施,则应立刻离开房间,迅速逃离。但这时应随手将房门关上,以防火势蔓延至房内。

如果门把手温度很高,或是有烟雾从门缝处钻进,则不要立即打开房门,因为此时火势已经蔓延至房门外了。

遭遇火灾时也不可以开窗,因为这样容易使空气对流加快,从而加速火势的蔓延,特别是在开门的时候又开窗,则更加危险。所以,遭遇火灾时千万不要因为屋内闷热而开窗散热。

不入险地，不贪财物

遭遇火灾逃生的时候，很多人都想多拿些贵重的财物离开，结果使自己因耽误时间而葬身火海。所以，逃生时千万不要贪恋财物，不要把宝贵的保命时间浪费在寻找、搬离贵重的物品上，而应坚持生命第一原则，迅速逃生。

此外，当人们已经从火灾中脱险后，人们应该庆幸自己保全了生命，而不要有所遗憾，从而不顾生命危险重返险地去拿一点财物。

高楼失火自救

不要轻易进入电梯

火场逃生讲究迅速的原则，有时候生与死的间隔就是一刹那，因此千万不要为了尽快地离开险境而轻易乘坐普通电梯。因为火灾容易导致断电，电梯容易"卡壳"。所以，逃生时若乘电梯，则很容易被困在其中，自己出不去，救援人员也很难施救，从而使自己处于更加危险的境地。此外，普通电梯口由于直通高楼的各层，因此，很多烟气因"烟囱效应"容易聚集于此，所以，人们若被困电梯中，很容易被浓烟熏呛而窒息。

不要盲目跳楼

很多人一听见火灾警报、一看见大火蔓延，便在慌乱中选择跳楼逃生。殊不知，跳楼的风险极大，很容易使身体受伤，甚至一不小心就使人终身残废或是当场死亡。所以，遇到火灾时，千万要冷静下来，进行冷静的分析和判断，从而寻求最安全可靠的自救、逃生方式，而不要盲目地采取冒险的跳楼方式。当然，在退无可退、逃无可逃的情况下，且消防人员已经在下面准备好救生气垫并指挥跳楼或楼层较低时，人们可以当机立断地往下跳。

注意逃生的姿势

逃离火场时，很多人都没有意识到逃生应该讲究姿势，而是和平常一样走路，这样很容易吸入烟气，很容易使自己立即面临生命的危险。因为烟气比空气轻，一般都飘于上部。所以，穿越火场时，人们应该在用口罩、毛巾等蒙住口鼻的前提下，弯腰或匍匐前行。这样不仅可以躲避上部的烟气，同时还可以呼吸残留在地面的还未被污染的空气，此外还能更好地看

清周围的地形,从而在较为安全的环境中逃生。

不要因惊慌而奔跑、呼喊

在火场中,千万不要因为惊慌、恐惧而奔跑,甚至是大声呼喊,这种行为是十分危险的。因为奔跑会形成一股风,会加速空气的流动,从而增强火势,容易使周围的火蔓延至自己身上。而呼喊则易使自己呼入有毒的烟雾和化学物质,从而易使自己窒息而死。此外,如果在逃生的过程中奔跑、呼喊,会加重自己的体力支出,使自己的身体非常疲劳,从而引起心理上的疲劳,这会严重影响逃生的进度。

8. 该在哪里等待救援

在你打完火警电话之后，消防部门会迅速地组织人员来救火。但是即使再快，也不能立即就达到火灾现场，这中间总会有点时间间隔。但是大火是不会给任何人时间的，有可能在极短的时间之内，就会疯狂燃烧起来。所以，你不能只在原地等待消防人员到来，这个时候，也许没有任何人能够帮助你，你唯有靠自己的智慧和平时掌握的消防知识，使自己远离危险。

那么，你在等待救援的时候，应该躲到哪里去呢？哪里才是安全的呢？

首先，一般来说，卫生间是远离大火的安全区，因为它比较封闭，而且里面水龙头多，可以有大量的水流出来。潮湿的地方不容易起火。所以，你可以躲到卫生间里去，或者直接躺到卫生间里的充满水的浴缸里。

其次,躲到温度低的空间去。因为火场的温度是相当高的,你必须远离高温才可以,千万别以为凭自己的意志可以抗得住。比如,你的隔壁房间有火燃烧,那么你应该跑到房间的另一边,以远离大火。

再次,你也可以退到室内,关闭门窗,用东西堵住门缝,然后站在阳台上,好让消防队的人看到你,营救你。

自救、逃生篇

　　最后，如果火情在低层，那么你视情况可以选择到高层去等待救援。

　　总之，火场无情，无论你处在什么样的境况下，在等待火警救援的过程中，都不能坐以待毙，一定要想办法躲到安全的地方去。

高楼失火自救

9. 如何寻求外界帮助

当然，火警电话打了，也选好了等待救援的地方，但是，你选好的那个地方也许只是一段时间之内的"安全港湾"，只是一个临时的"避难所"，这个时候，你应该在等待消防队员救援的过程中，寻找外界的帮助。即使外人不能帮你，也会给你安慰，给你生存下去的勇气，所以，你要寻求外界帮助。当然，很多人在这个时候，都会很自然地喊"救命"。但是，"救命"不可乱喊，要根据自己的体力去喊，不能声嘶力竭地喊下去，如果你的周边没有人，你很可能会更紧张，这会使你的体力支撑不下去。当然，呼救还是不要停，一旦有人听见了，他也许能够帮助你，或安慰鼓励你，或教你一些方法，更有可能直接将你救出。所以，在等待救援的过程中，你也可以通过扔东西或打手电等方式引起他人注意，帮助你逃离险境。

自救、逃生篇

10. 逃生过程特殊状况特殊处理

着火点在本楼层时怎么办

即使着火点在本楼层，也不要害怕，不要惊慌，而应理智地以尽可能快的速度向已知的安全出口、疏散楼梯方向逃生，中途若遇有防火门，则应及时将其关上。如果楼层通道被烟火包围，则应弯腰或匍匐前进，同时用湿毛巾、湿棉布捂住口鼻，以防止将烟雾吸入体内。如果要经过重度火焰区，则应事先将全身的衣服浇湿或在身上裹上湿毯子，用透明塑料袋蒙住头等。总之，着火点在本楼层时，要在理智、全面地保护自己的情况下安全逃生。

着火点不在本楼层该往哪儿逃

着火点不在本楼层，人们首先的反应也应是向已知的安全出口、疏散楼梯方向逃生。至于逃生的方向，则应视具体情况而定。如果着火点位于上层，则

高楼失火自救

应通过防烟楼梯间或封闭楼梯间迅速向楼下撤离；如果本楼层还较低，则可以通过滑绳自救法、管线下滑法进行自救。如果着火点位于下层，且通道已经被大火、烟雾层层包围时，则应迅速逃向另一部楼梯或逃向楼顶层的平台寻求逃生机会。在逃向楼顶平台的过程中，如果向上的通道被大火包围时，则应立即改变逃生方向，转而从另一楼层的安全出口逃生。

火烧身时怎么办

穿越火场时，如果身上着了火，不要因为恐慌而跑起来，也不要用手去拍打，否则会加大火势，而且

自救、逃生篇

还可能把火带到其他的场所，使火到处蔓延。此时，人们应该让自己冷静下来，将身上着了火的衣服、帽子等脱掉，将火踩灭。

如果火势太大、情况非常紧急，来不及将着火的衣服脱掉时，则应马上卧倒在地，迅速打几个滚，这样便可以把身上的火苗压熄。要是附近有水房、水池，则可以用水把衣服淋湿以防火。

乘电梯遇到火灾怎么办

如果在乘坐普通电梯时，高楼发生了火灾，这种处境是非常危险的。这时，人们应该立即将电梯停下来，迅速从封闭楼梯间或防烟楼梯间撤离。如果电梯因为火灾的发生而"卡壳"，则应尽快用电梯电话联系管理室，然后用手或者身上带有的工具试着将电梯门撬开。

被烟气熏得失去自救能力时怎么办

在逃生过程中，如果不小心被烟气熏得失去了自救能力，应尽自己最大的努力爬到或滚到墙边或门

高楼失火自救

边,以便在第一时间被消防人员找到并施救。因为消防人员进行救助时,一般都是沿着墙壁摸索前进的。此外,墙边也相对安全。

互救篇

1. 如何疏散人群离开火场

帮助老弱残孕等弱势人群先离开

火灾发生之后,要发扬互助精神,首先帮助老人、小孩、残疾人、孕妇等弱势群体先离开。因为相对于青壮年来说,不论是从灵活度还是行动速度来说,他们都处于劣势;而先让他们先离开,也可以提高整体人群的疏散速度。若失火楼层不是很高,对于行动不便的人,可以用被子、毛毯等将其包裹好,再用绳子、布条等将其放到楼下去。

让靠近门口或处于不利地点的人先走

失火之后,靠近门口的人以及处于最不利地点的人,其逃生欲望都会强于那些处于中间位置的人。因

高楼失火自救

此,如果你既不是最靠近门口,也不是处于最偏僻的地点,那么不妨让他们先走,以免他们因过度拥挤堵住你的逃生之路。在这种互助精神的支持下,他们也会降低心里的恐慌情绪,而更加有秩序地逃生,这也等于是为彼此都争取了生还的机会。

上下楼梯别拥挤

高层建筑的楼道往往都比较狭窄,如果在火灾发生之后,拥挤着外逃,很有可能造成逃生通道的拥堵或者出现踩踏事故。所以,应该保持理智,沿着墙壁顺着楼梯的方向有秩序地离开。看见有人不慎倒地,

互救篇

要及时过去帮忙；如果自己不慎倒地，即使不能立即站起来，也要保护好自己的头、胸，避免被踩伤。互助与自助结合，才能尽快逃生。

盲目追"光"不可取

火灾往往伴随着浓烟，很容易混淆人们的视线，从而找不到正确的方向。有些人会认为，往有光的地方跑是最安全的。其实不然，因为有亮光的地方往往是火势最猛的地方。所以，你应该辨别清楚，"光"到底是太阳照射的光亮，还是火光映衬下的光亮。

2. 通道不"通"怎么办

开窗破洞找出路

如果因房间失火而找不到门的位置，那也不能坐以待毙，要充分利用身边可以利用的东西，砸破窗户逃生；如果火势过大，人群因为慌乱而拥挤在楼梯口

无法逃生，可以利用手边坚硬的东西在稍薄的墙壁上凿一个洞，以寻找新的出路。

前路不通退找安全地带

假如能够利用逃生的防烟楼梯间或封闭楼梯间都被大火吞噬，前进不得，那不妨后退——退到火苗暂时蔓延不到的地方，等待救援人员的到来。

3. 在烟雾中寻找被困人员

以正确的方法避免自己受伤

火灾的发生往往比较突然，总会有那么一部分人来不及反应而被困火场。在你确定有人被困但又不知道他的具体方位时，你可以大声呼喊，观察动静，平心静气地倾听呼喊声、呻吟声以及求救声。在确定了被困人员的具体方位之后，不要盲目救援，以免自己受伤。可以用湿毛巾捂住口鼻，弯腰低头，顺着墙根摸索过去救人。

认真搜寻避免有遗漏

失火之后断电的可能性也会很大，如果是在夜间，就要注意一些犄角旮旯的地方。寻找老弱病残者，要多注意床下或床周；寻找小孩，则要注意床上、床下、桌椅底下、墙角或衣橱内。对大火的恐慌会让人失去判断力而随意躲藏，所以在寻找的时候要格外仔细。

4. 帮别人灭掉身上的火

不可直接泼水灭火或覆盖棉被

在发现别人身上着火的时候,最好不要直接泼水灭火,因为衣服下面是脂肪,而人的脂肪在燃烧的时候突然遇到水,会发生爆裂!如果用棉被覆盖,即使火被扑灭,在你撕下棉被的时候皮肤也会被一起撕下!

不可用灭火器直喷

衣服着火的时候，最忌讳随手抓起灭火器就直接喷。灭火器虽然能灭火，但是如果对着人直喷，对方很有可能被灭火器中的化学成分伤到。所以，即使使用干粉灭火器，也最好从侧面喷向火源！

借物拍打衣服灭火

有些时候遭遇火险，既不可泼水，也不可随便使用灭火器，那要怎么办呢？最好用手边不易燃烧的东西拍打着火的衣服，以隔绝燃烧所需要的氧气，达到灭火的目的。

5. 如何帮身边人处理轻伤

就地取物处理轻度烫伤

人在火中被烫伤的概率很大,在医护人员到来之前,你也可以用身边可以利用的东西,先帮身边的人处理一些轻度烫伤。最简单的方法就是冲冷水,让被烧伤的皮肤冷却,这样可减轻烫伤的疼痛;也可以将受伤部位浸泡在淡盐水、酒精中,或者用肥皂、鸡蛋清、蜂蜜、香油等涂抹在受伤部位,这样能防止发炎。

小心应对轻度昏迷状况

人在火中很容易因吸入浓烟而导致轻度"中毒",出现头疼眩晕、心慌气短、恶心呕吐、四肢无力甚至短暂昏厥的状况,此时你不必惊慌,因为只要他还清醒,就说明他只是轻度中毒。如果条件允许,你可以把窗户打开,让周围的空气流通,如果他呼吸进了新鲜空气,就自然可以"解毒"了。

6. 心肺复苏术抢救窒息者

判断心肺复苏术是否必要

在发现身边有人突然昏厥时,并不一定立即就要采取心肺复苏术,而是要在最短的时间内,判断能否对其使用心肺复苏术。首先,你可以轻拍对方肩部,并高声呼喊:"喂,你醒醒!"当对方对你的呼喊完全没有反应时,你还可以去感受一下对方的呼吸:"看"对方的胸腔是否有起伏,"听"对方是否有呼吸声,"感觉"对方鼻腔是否有气流呼出;之后再简

单测试一下对方还有无脉搏以及有无心跳。这一切"检测"的时间最好不要超过10秒钟,如果确定对方无呼吸、无脉搏和心跳,那就可以进行心肺复苏术了。

常用开放气道方法

在实施心肺复苏术的过程中,被救人员的气道应该时刻处于开放状态。常用的开放气道的方法如下。

压额提颏法。运用此法的前提是,患者无颈椎问题。站立或跪在患者身边,用一只手的手掌外侧放在患者前额部向下压迫,另一只手的食指、中指并拢放在下颏骨位置向上提,使头部后仰,颏部及下颌上抬即可。

双手拉颌法。如果怀疑对方有轻微颈椎损伤,此法可以缓解对颈椎的重度伤害。站立或跪在患者头顶端,两手分别放在其头部两侧,肘关节支撑在患者仰躺的平面上,分别用两手食指、中指固定住患者两侧的下颌角,用手掌外侧拉起两侧下颌角,使头部后仰即可。

压额托颌法。站立或跪在患者身体一侧,用一只手的手掌外侧放在患者前额向下压迫,另一只手的拇指与食指、中指分别放在两侧下颌角处向上托起，使头部后仰即可。

胸外心脏按压的方法

在进行胸外心脏按压时，最好将患者的脚下垫高，以保证按压时两臂伸直、下压力量垂直。按压的部位原则上是胸骨的下半部。按压时，可两肩正对患者胸骨上方，两臂伸直，双手手指交叉，利用上半身的力量垂直按压胸骨。一般按压的深度在4～5厘米，约为胸廓深度的1/3，以可接触到颈动脉搏动为最理想效果。按压的频率不宜过快，一般在100次/分钟，但最好不要低于这个频率。如果有准确的计时工具最好，如果没有也没关系，根据自己的心跳速度调整频率即可。

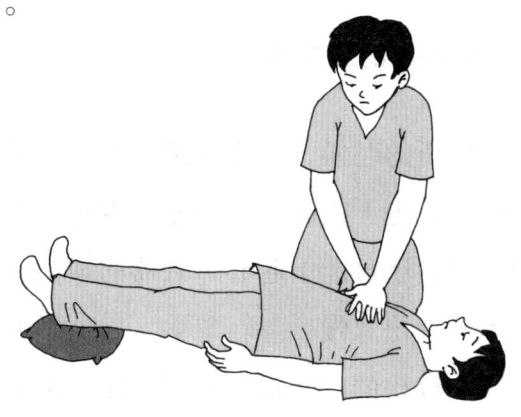

人工呼吸法的注意事项

人工呼吸是常用的救生方法，如果伤者已无呼吸则应开始进行。进行人工呼吸时，伤者应为仰卧位，施救者应用放于伤者额头上的手的拇指与食指捏住伤者的鼻孔，然后深吸一口气，做口对口吹气，吹气以每5秒钟一次的速度为宜。吹气后，马上观察伤者胸部有无起伏或伤者有无呼吸，然后再次吹气。

此时应注意，无论成年人还是儿童，吹气量均以伤者胸部微微鼓起为准。如果吹气无效，则应检查伤者口中是否有异物，如有异物则应除去。如看不见异物，则再一次在保证呼吸道畅通的状态下吹气，吹气无法顺利进入伤者体内时，需再次排除异物。

胸外心脏按压的注意事项

在进行按压的时候，要确保按压的位置准确。即使不是最精确，也不能有大的偏差，否则不但不能保证按压的效果，还可能引起心肺脏器的损伤。按压要有规律，不可忽快忽慢、忽轻忽重，以免影响心脏排血量。下压与放松的时间最好相等，使心脏能够充分回血和充盈。人工呼吸法与心脏按压最好交替进行，可1人实施，也可2人同时实施。1人实施时，在确保呼吸道畅通的状态下，每做2次人工呼吸，即做15次心脏按压；2人实施时，最初先吹两口气，然后每做5次心脏按压，即做1次人工呼吸，4~5个循环检查一次生命体征，一直要做到呼吸和脉搏完全恢复或者救护的医生到来为止。

7. 帮别人止血四要诀

用手按压止血

伤口流血时，用手按压可止血。主要分为两种情况：一是伤口直接压迫法，即用干净的纱布或者其他布类物品直接按压在伤口出血区，可有效止血；二是指压止血法，即用手指按压在出血动脉近心端附近的骨头上，阻断血液来源，以达到止血的目的。

纱布包扎止血

包扎伤口止血的材料最好是纱布、绷带或干净的棉布或用棉织品做成的衬垫之类的物品。在包扎的时候,最好先盖后包、力度适中。"先盖后包",是指在伤口处盖上足够大的棉织品衬垫,然后再用绷带包扎;讲究"力度适中",是因为如果包扎过松,达不到止血的目的,包扎过紧,又可能造成远端组织因缺血缺氧而坏死。

外物填塞止血

此种方法主要用于腋窝、口、鼻、肩等其他盲管伤和组织缺损处的止血法,其本质在于用棉织品将出血的空腔或组织缺损处紧紧填塞,以达到止血的目的。将干净的纱布、棉垫或急救包填塞在创面周围,松紧度以达到止血目的为宜。但此种方法的危险在于用压力将棉织品填塞结实之后可能会造成组织损伤,也易造成感染。所以,除非情况紧急,尽量不使用此法。

止血带止血

此种方法一般用于手术中。在使用止血带时,最好不要直接接触到皮肤,可利用棉织品做衬垫。止血带的松紧要合适,并且要定时放松,40~50分钟松解一次为宜。松解时要用手指按压止血2~3分钟,然后再扎紧止血带。使用止血带的时间最好不要超过2~3个小时。

8. 有人肢体受伤怎么办

固定伤处最重要

大火中逃生,过度的拥挤、碰撞难免会出现骨头被撞伤或挤伤的情况,在救援人员到来之前,用简易的方法固定伤处是很必要的。固定伤处的夹板,其长度和宽度要与伤肢一致,长度一般要跨伤处上下两个关节。当然,一时情急的你或许找不到很适合的夹板,此时,可以用文件夹、厚纸片、书本等代替。在

夹板或充当夹板的东西内侧，最好使用棉花、衣服、布块等作为垫衬。绷带、腰带、头巾、绳子等都可以用来固定夹板，但最好不要使用电线、铁丝等东西。固定、捆绑的松紧要适度，过松容易滑脱、起不到固定作用，过紧又容易造成血液循环不畅通。

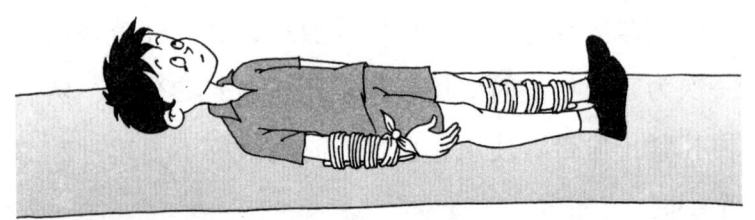

轻搬稳抬出火场

在帮伤者处理过伤处之后，就应该想办法将他抬到相对安全的地方。因为被固定的伤处只经过简易的处理，所以在搬抬的时候还是应该多加小心。如果有多余的人手，可以一人握住伤处上方，另一人握住伤处下方，沿着肢体的总轴线作相反方向的牵引，在此过程中，应该尽量避免让伤处进一步受伤。另外，在进行过止血、固定的简单处理之后，应该在医护人员到来的时候，将情况具体讲清楚，以使伤者得到更及时有效的治疗。

自疗篇

1. 待救之前先自救

假如火焰与浓烟已经将你的通道切断,并且短时间之内不会有人来救援,那么你就应该为自己创造避难场所,固守待援。如果不小心受了伤,也应该在力所能及的范围内先为自己疗伤,为自己争取时间。此时你可以躲进相对比较安全的房间,用湿毛巾等堵住门缝不让浓烟渗进来,或者不停用水淋填塞物,防止烟火渗入。轻微的烫伤或出血在所难免,冷水浸泡或者涂抹肥皂等,都可以有效防止烫伤创面进一步发炎感染。通常情况下,只要不是动脉大出血,采取按压等办法都可以止血。让自己更安全,不让自己的伤口恶化,就是在救援人员到来之前,为自己赢得更多生还的机会。

高楼失火自救

2. 自我处理轻度烧伤方法

小范围局部烧伤处理办法

对于小范围的烫伤,处理的原则就在于冷疗,可以用冷水冲洗伤处半个小时以上。在人可以忍受的范围内,水温越低越好,并且尽量使用流动的清水。用冷水处理烫伤的好处就在于,一来可以减轻疼痛,二来可以减轻余热造成的肌肉深部组织损伤,三来可以使创面的一些毒性物质减少,从而减少创面的继发性感染机会。

大面积重度烧伤处理办法

如果在火场中被大面积烧伤,在医护人员到来之前,也应该自己先正确处理伤口,以免错过最佳的治疗时机。对于大面积的重度烧伤,处理的基本原则是散热和冷敷。一是"冲",用流动的清水冲洗创面半个小时左右。二是"脱",尽可能将烧着的衣服脱掉。如果衣服黏在了表皮上就不要强脱,这样容易拉坏表皮,但可以用剪刀剪开。三是"泡",在冷水中浸泡创面半个小时到一个小时。四是"盖",用干净的纱布或棉布覆盖伤口,避免灰尘使伤口感染。五是"送",尽快就医才是根本。

3. 被烟雾熏到要先自疗

被轻度烟雾熏到如何应对

在大火中逃生,遇到浓烟时最好马上停下来,或者匍匐爬行出火场,头部尽量贴近地面。但是如果防护不当,就会将浓烟吸入体内,导致头晕、心慌等

轻度眩晕情况出现,眼睛也会因为烟雾而睁不开。此时,较好的作法是:利用透明塑料袋将头部罩住,即使塑料袋不够将整个头都罩住,最起码也要遮住口鼻部分。

遇浓烟导致中毒怎么办

假如烟雾过于浓重,没有给你足够的时间去寻找塑料袋,而导致了烟雾中毒,你又该怎么办?浓烟中含有大量的一氧化碳,人如果吸入太多就会中毒,轻度中毒只要及时吸入新鲜空气即可让症状消失,但重度中毒者就需要及时就医。在医护人员到来之前,可以在空气新鲜、通风良好处,发信号求救。

4. 火灾之后的心理自疗

突如其来的大火,往往会给那些心理相对脆弱的人带来恐慌,常常会使人感到心悸、恶心,觉得自己马上要窒息,或者时常有极度恐惧的情绪产生。这些都是大火留给人们的后遗症,对于这些恐慌情绪,重者要进行心理治疗，轻者也要在日常生活中，采取一些小办法，在缓解恐慌的基础上达到消除恐慌的目的。

橡胶带法

在手腕上绑上一条胶带，以相对较松为宜。当你感到恐慌时，就拉紧胶带使它陷入肉中，而这种短暂、剧烈的疼痛感往往能够改变你对恐慌的注意。这样你就能有时间去使用其他更有效的方法，或者依靠这种方法抑制恐慌的蔓延。

数数法

心理学家研究发现，当一个人将注意力专注于细数周围环境中的物品时，便能从并不剧烈的恐慌情绪中解脱出来。因此，每当你感到莫名的恐慌时，不妨数数马路上经过的汽车或者其他的东西，从而转移自己对恐慌的注意力。

放慢呼吸法

这种方法是缓解恐慌的最简单方法。首先,把注意力放在自己对呼吸的感觉上,但不要刻意去控制呼吸。然后,把一只手放在肚子上,每次吸气时轻轻扩张肌肉,尽量减少肩或胸的运动。接着,在吸气时,默数十下之后再呼气,但不要吸气过深。最后,再吸气的时候,慢慢数到三再呼气。保持这样的呼吸频率至少一分钟,慢慢重复,直到恐慌被控制住。

预防篇

1. 进入陌生场所先熟悉地形环境、逃生通道及安全出口

当你身处相对陌生的环境时，务必首先记住灭火器的摆放位置以及疏散通道、安全出口方位等，以便紧急情况出现时能够尽快逃离现场。你要知道，这并不是多余之举，而是为了给自己预留一条生的出路。

2. 如何预防电线老化或负荷过重引起的火灾

平日里，对于绝缘破损的电线要及时维护和检修，并让导线连接处接触良好；防止一次连接几个插头，让电线处于超负荷的状态；电线使用的时间也不能过长，使用完后需立即断电。

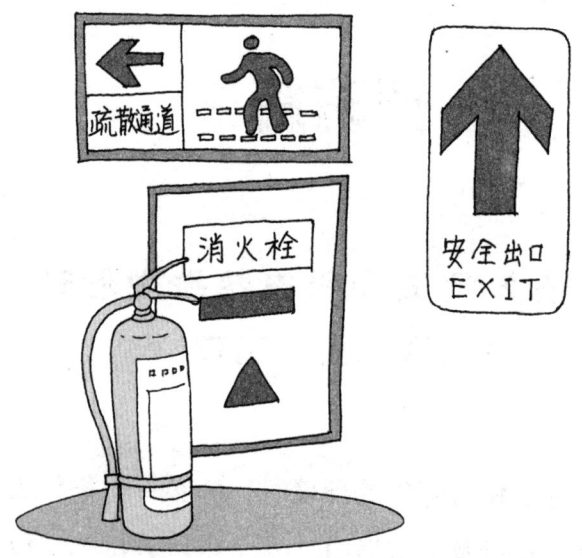

3. 如何预防插头和插座接触不良引起发热失火

需查看插座和插头是否处于接触良好状态。每次将插头插入插座的时候,都要确保插到位,并且将易燃易爆的物品远离插座和插头。使用完毕之后,立即将插头拔出插座,并且放置于通风干燥的地方。

4. 如何预防家用电器使用不当或因出故障引起的火灾

预防家用电器引发的火灾，主要可以从四个方面注意：一是电器的选择，二是导线的选择，三是安装和使用，四是不要擅自使用大功率电器。在选择电器时，应该选择正规厂家生产的合格产品，安装时也要按照说明书的要求正确安装。涉及线路的连接时，应该请专业电工进行安装。平时家里没人或者长时间不用的电器，应该切断电源。

电视机的防火措施

电视机持续开机4~5个小时之后，最好关机休息一会儿，尤其是在高温的夏季。电视机的放置，最好远离热源，且在看电视的时候，最好把电视罩拿下来，以利于散热。室外天线要装有避雷装置和接地设施，遇到雷雨天气最好不要开电视。不看电视时，最好切断电源。

洗衣机的防火措施

使用洗衣机，千万不要超过洗衣机的最大容量，以免衣物过重，造成闷机现象而导致发热着火。往洗衣机注水的时候，也要注意不要让电机进水，因为进水会造成短路而着火。此外，不要使用汽油或乙醇来清洗电机上的污物。

电冰箱的防火措施

电冰箱的散热器温度往往很高，所以，不要在冰箱后面放置易燃物品。冰箱里不要储存乙醇等易燃液体，以免在冰箱启动时引发火灾。清洗或维修冰箱应该请专业人员，不要擅自用水冲洗，以免因短路而发生危险。

电热毯的防火措施

使用电热毯不要时间过长，人离开或者长时间不用的时候一定要切断电源，以免电热毯因过热而引发火灾。电热毯需要收存的时候，不要折叠或在上面放置重物，以免损伤电线的绝缘层，造成再用时因短路引发而火灾。

电熨斗的防火措施

在使用电熨斗的过程中，一定不要离开人，因为电熨斗的温度很高，容易引燃一般物质。通电的时间

不宜过长，以免温度过高，烧坏衣物甚至引发火灾。用完之后，一定要断电，并放在隔热的架子上降温，防止余热引发火灾。

电脑的防火措施

要防止电脑受潮或液体进入电脑，防止昆虫爬进电脑；使用电脑的时间不宜过长，风扇的散热窗要保持空气流通顺畅；开机之前要保持接口插头接触良好，以免漏电。

灯具的防火措施

灯具附近严禁放置可燃物品，在晚间看书学习时，一定不要将照明灯放在被褥上。开关、插座、照明器具靠近易燃物品时，应该保证散热、隔热措施的到位。以白炽灯为例，灯泡表面的温度与功率有关，60W灯泡的表面温度可达137℃~180℃，100W灯泡的表面温度可达170℃~216℃，200W灯泡的表面温度可达154℃~296℃。可想而知，可燃物与照明灯具接触有多危险,因此,白炽灯与可燃、易燃物的距离一定要大于0.5米。

5. 如何预防厨房灶具引起的火灾

厨房最易遇到且伤害最大的灾难之一,就是火灾。诱发厨房火灾的原因很多,可能是未熄灭的烟头,可能是线路连接不当、短路或漏电,可能是燃气外泄、烹饪操作不当,也可能是厨房电器过度工作发热等。但只要预防措施到位,还是可以避免火灾发生的。

厨房各种电器设备的安装和使用,必须严格按照说明书并符合防火安全的要求,严禁随心所欲"野蛮"操作。厨房的用电线路一定要清晰,且分清照明线路和动力线路,不可混淆使用。厨房内煤气管道以及各种灶具的附近,一定不要堆放易燃物品。使用煤气时要随时检查煤气阀门或管道有无漏气,使用完毕一定要确保关闭煤气阀门。在烹调操作时,锅里的水或油最好不要装得太满,温度也不要过高,以免因温

度过高或者水溢、油溢而引发火灾。炉灶、烟罩等要定期清理，以免因油垢过多引起火灾。在"开火"的过程中，一定不要擅自离开，如果离开就一定要切断"火源"。在打扫厨房卫生时，不要将水洒在电器设备上，以防漏电、短路事故发生。这些措施都不过是日常生活中的举手之劳，一个小小的措施就可能避免一场大的灾难。

6．如何预防吸烟、蜡烛、小孩玩火等引起的火灾

我们千万不能小看了烟头的"威力"，其实它的表面温度高达200～300摄氏度，其中心温度更是可以达到700～800摄氏度。一般的可燃物，如棉花、纸张、木材等，其燃点为130～350摄氏度，都远远低于烟头的温度。所以，烟头可以引燃大部分物质。吸完烟之后的烟头千万不要随手乱丢，应该将烟头"掐死"，放在烟灰缸或金属、玻璃等不易燃的器具内，或者放在脚下踩熄、拧灭。不要在标有"禁止吸烟"的场所吸烟，这既是一种公德心，也是一种安全意识。

点燃的蜡烛或蚊香等,应该放在专用的架台上,不能随处放置,也不能靠近窗帘、蚊帐、被子等可燃物品。晚间学习的时候,不要一直点着蜡烛,以免人困乏之后碰倒蜡烛引发火灾。小孩子要远离火种,不要随身携带火柴、打火机等物品。不要乱扯乱拉电线,不要随意拆卸电器。燃放烟花爆竹要在室外空旷的场所,不要在阳台上、楼道里玩。

7. 如何预防易燃易爆物品引起的火灾

易燃固体受高温、高湿影响之后容易变质,表面会产生水泡、发黏、变色、粉碎、脆裂等现象,并因此引发火灾。比如复写板和乒乓球等都具有因高温而自燃的危险,因此这些东西不要放置在阳光下或者发热的电器附近。易燃液体,比如香蕉水、改正液、香水、染发水、花露水、煤油等物品,千万不要放在高温、高湿处或电器附近,以免因爆炸而引发火灾。装有易燃气体的物品,如打火机、煤气罐、定型发胶、杀虫剂气罐等,其危险性在于跟空气接触后能形成爆炸性混合物,遇高温明火就会燃烧爆炸,所以这些东

西平时应该谨慎对待,轻拿轻放,不要随意破坏,也不得随意存放。尤其是在酷热的夏季,千万不要直接置于阳光直射的地方,以免因温度过高而引发爆炸。

8. 疏散楼梯口不要堆放杂物

楼梯口如果堆放了杂物,极容易引发火灾。一旦火灾发生,堆放的杂物也会成为逃生的阻碍。因此,在平时的生活中,一定要避免在楼梯口堆放杂物,那些易燃、易爆的东西更是不能堆放在楼梯口,以免酿成大祸。

9. 尽量多配置消防器材设施

住宅小区的消防器材设施不全,一旦发生火灾,就会因为救助不及时而出现很大的伤亡。所以,住宅小区的物业公司应尽量多配备灭火器等消防器材,

预防篇

楼内应按有关规范配备消防设施。有条件的居民家庭也应尽量配备灭火器，厨房应配备家用火灾、可燃气体浓度报警器，居民日常应该熟悉消防器材设施的安放位置和使用方法，以备不时之需。

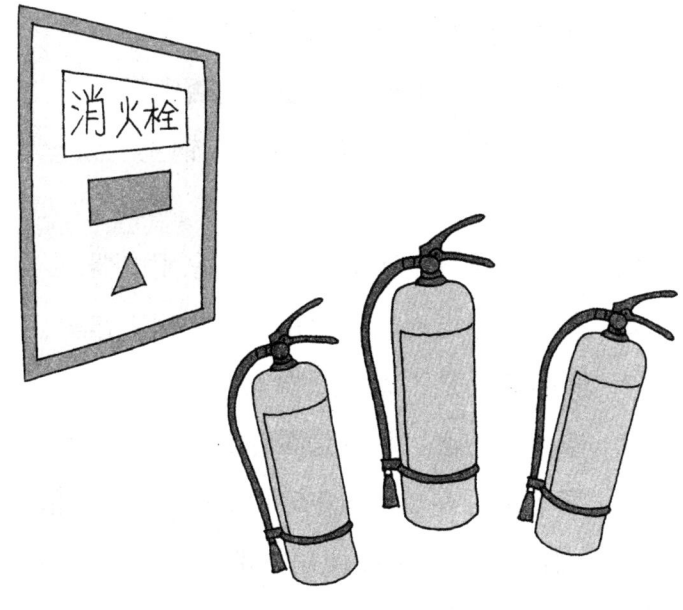

附录1:

家庭防火安全对照表

1. 家中电线有无老化、破损现象。
2. 电气线路有无超负荷使用情况。
3. 电气线路上的插头、插座是否牢靠。
4. 家中使用的保险丝是否有以铜丝、铁丝代替的现象。
5. 是否按使用说明书正确使用家用电器。
6. 家用电器出现故障后是否仍带病工作。
7. 照明灯具是否离可燃物太近。
8. 楼梯、走道、阳台是否存放易燃、可燃物。
9. 家中是否存放超过0.5千克的汽油、酒精、香蕉水等易燃易爆物品。在使用汽油、香蕉水时是否远离明火、通风良好。
10. 是否在家从事易燃易爆物品生产、加工、经营活动。
11. 易燃物品是否远离燃气炉灶。
12. 燃气管道安装是否牢固、软管是否老化。

燃气管道、阀门处是否漏气。燃气炉灶处是否通风良好。

13. 家庭装修材料是否大多使用难燃、不燃材料。

14. 家中的废纸、书报是否经常清理。

15. 火柴、打火机等物品是否放在儿童不易取到的地方。

16. 每日就寝前或离开住所前,是否拔掉电源开关,是否熄灭香烛等明火,是否关掉燃气炉灶的气源开关等。

17. 家中是否配置了简易灭火器具。

18. 家中是否制订了火灾逃生预案。

附录2：

高层居民住宅楼防火管理规则

公安部令第11号1992.10.12颁布

第一条 为了加强高层居民住宅楼防火管理，保障居民生命财产安全，根据《中华人民共和国消防条例》及其实施细则，制定本规则。

第二条 高层居民住宅楼的防火工作，本着自防自救的原则，依靠群众，实行综合治理。

第三条 本规则适用于十层以上的居民住宅楼。公寓、九层以下的居民住宅楼及平房的防火管理工作可参照执行。

第四条 高层居民住宅楼的防火管理实行分工负责制，由市（市辖区）、县公安机关及其派出机构监督实施。

第五条 街道办事处组织管理辖区高层居民住宅楼的防火工作。其职责是：

（一）宣传消防法律、法规、规章和防火安全知识；

（二）制订防火制度；

（三）掌握辖区高层居民住宅楼的防火情况，并协调有关方面采取相应措施；

（四）领导居民委员会开展经常性的防火工作；

（五）定期组织防火安全检查；

（六）督促房产管理部门、房屋产权单位和供电、燃气经营等单位整改火险隐患；

（七）领导义务消防组织，指导居民进行扑救初期火灾和安全疏散演练。

第六条　居民委员会负责高层居民住宅楼的日常防火工作。其职责是：

（一）制订防火公约，督促居民遵守；

（二）对居民进行经常性的防火安全教育；

（三）组织居民开展防火自查，督促居民整改火险隐患；

（四）定期向街道办事处汇报防火工作情况；

（五）组织居民扑救初期火灾，协助维持火场秩序。

第七条　居民所在工作单位，应当积极支持街道办事处和居民委员会做好防火工作。

第八条　高层居民住宅楼的房产管理部门、房屋产权单位和供电、燃气经营单位，应当指定有关机构和人员配合街道办事处、居民委员会进行防火管理工作，协助他们采取措施加强防火工作。

第九条 楼内消防设施和器材的维修、保养和更换由房屋产权单位负责。房屋产权不属房产管理部门的，房屋产权单位可委托房产管理部门代管代修，费用由房屋产权单位负担。

第十条 燃气经营单位应当定期对高层居民住宅的燃气管道、仪表、阀门等进行检查，发现损坏或泄漏的，要及时维修、更换。

第十一条 高层住宅楼的居民应当自觉接受街道办事处、居民委员会、房产管理部门、房屋产权单位和供电、燃气经营单位的管理，并遵守下列防火事项：

（一）遵守电器安全使用规定，不得超负荷用电，严禁安装不合规格的保险丝、片；

（二）遵守燃气安全使用规定，经常检查灶具，严禁擅自拆、改、装燃气设施和用具；

（三）不得在阳台上堆放易燃物品和燃放烟花爆竹；

（四）不得将带有火种的杂物倒入垃圾道，严禁在垃圾道口烧垃圾；

（五）进行室内装修时，必须严格执行有关防火安全规定；

（六）室内不得存放超过0.5千克的汽油、酒精、香蕉水等易燃物品；

（七）不得卧床吸烟；

（八）楼梯、走道和安全出口等部位应当保持畅通无阻，不得擅自封闭，不得堆放物品、存放自行车。

（九）消防设施、器材不得挪作他用，严防损坏、丢失；

（十）教育儿童不要玩火；

（十一）学习消防常识，掌握简易的灭火方法，发生火灾及时报警，积极扑救；

（十二）发现他人违章用火用电或有损坏消防设施、器材的行为，要及时劝阻、制止，并向街道办事处或居民委员会报告。

第十二条 房产管理部门或房屋产权单位需要改变高层居民住宅楼地下室的用途时，其防火安全必须符合国家有关规范、规定的要求，并经市（市辖区）、县公安机关审核同意。

第十三条 凡违反本规则的,根据有关法律、法规、规章的规定予以处罚。

第十四条 本规则所称以上、以下,均含本数。

第十五条 本规则自发布之日起施行。1986年公安部颁布的《高层建筑消防管理规则》第四条第二款停止执行。

附录3：

常用消防标志

禁止阻塞　　　　禁止带火种　　　　禁止放易燃物

禁止锁闭　　　　禁止用水灭火　　　禁止燃放鞭炮

禁止烟火　　　　禁止吸烟　　　　　击碎板面

当心爆炸　　　　当心火灾　　　　　当心火灾
爆炸性物质　　　易燃物质　　　　　氧化物

 火警电话
 紧急出口 L
 紧急出口 R
 滑动开门
 拉　开
 疏散通道方向
 发声警报器
 消防梯
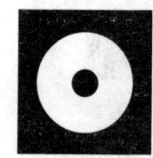 消防手动启动器
 灭火器
 灭火设备
 消防水带
 地下消防栓
 地上消防栓
 消防水泵接合器